P.13

P.16

馬	豬	羊
鴨	牛	雞

P.18

蔬果	青草
樹木	花朵

P.21

  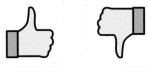 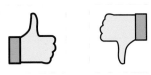

P.22

P.25

P.27

P.32

遊樂場　　體育館

圖書館　　游泳池

P.34

P.37

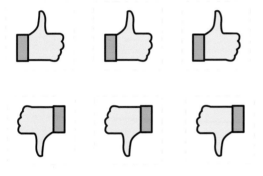

P.45

P.55

P.56

中國　　　日本

英國　　　南韓

P.59

醫生　　消防員

警察　　廚師

新雅

幼稚園常識及綜合科學練習

幼兒班 下

新雅文化事業有限公司
www.sunya.com.hk

編旨

《新雅幼稚園常識及綜合科學練習》是根據幼稚園教育課程指引編寫，旨在提升幼兒在不同範疇上的認知，拓闊他們在常識和科學上的知識面，有助銜接小學人文科及科學科課程。

★ 本書主要特點：

・內容由淺入深，以螺旋式編排

本系列主要圍繞幼稚園「個人與羣體」、「大自然與生活」和「體能與健康」三大範疇，設有七大學習主題，主題從個人出發，伸展至家庭與學校，以至社區和國家，循序漸進的由內向外學習。七大學習主題會在各級出現，以螺旋式組織編排，內容和程度會按照幼兒的年級層層遞進，由淺入深。

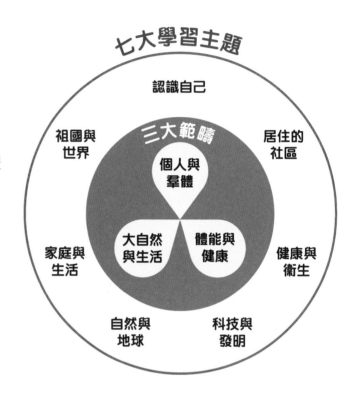

七大學習主題

認識自己
祖國與世界
居住的社區
三大範疇
個人與羣體
大自然與生活
體能與健康
家庭與生活
健康與衛生
自然與地球
科技與發明

・明確的學習目標

每個練習均有明確的學習目標，使教師和家長能對幼兒作出適當的引導。

・課題緊扣課程框架，幫助銜接小學人文科

每冊練習的大部分主題均與人文科六個學習範疇互相呼應，除了鼓勵孩子從小建立健康的生活習慣，促進他們人際關係的發展，還引導他們思考自己於家庭和社會所擔當的角色及應履行的責任，從而加強他們對社會及國家的關注和歸屬感。

・設親子實驗，從實際操作中學習，幫助銜接小學科學科

配合小學 STEAM 課程，本系列每冊均設有親子實驗室，讓孩子在家也能輕鬆做實驗。孩子「從做中學」（Learning by Doing），不但令他們更容易理解抽象的科學原理，還能加深他們學新知識的記憶，並提升他們學習的興趣。

・配合價值觀教育

部分主題會附有「品德小錦囊」，配合教育局提倡的十個首要培育的價值觀和態度，讓孩子一邊學習生活、科學上的基礎認知，一邊為培養他們的良好品格奠定基礎。

品德小錦囊

以關心、有愛的行為對待弟妹，建立和諧的關係，便是關愛的表現！

・內含趣味貼紙練習

每冊都包含了需運用貼紙完成的趣味練習，除了能提升孩子的學習興趣，還能訓練孩子的手部小肌肉，促進手眼協調。

K1-K3 學習主題

學習主題＼年級		K1	K2	K3
認識自己	**我的身體**	1. 我的臉蛋 2. 神奇的五官 3. 活力充沛的身體	1. 靈敏的舌頭 2. 看不見的器官	1. 支撐身體的骨骼 2. 堅硬的牙齒 3. 男孩和女孩
	我的情緒	4. 多變的表情	3. 趕走壞心情	4. 適應新生活 5. 自在樂悠悠
健康與衛生	**個人衛生**	5. 儀容整潔好孩子 6. 洗洗手，細菌走	4. 家中好幫手	6. 我愛乾淨
	健康飲食	7. 走進食物王國 8. 有營早餐	5. 一日三餐 6. 吃飯的禮儀	7. 我會均衡飲食
	日常保健	—	7. 運動大步走 8. 安全運動無難度	8. 休息的重要

學習主題＼年級		K1	K2	K3
家庭與生活	家庭生活	9. 我愛我的家 10. 我會照顧家人 11. 年幼的弟妹 12. 我的玩具箱	9. 我的家族 10. 舒適的家	9. 爸爸媽媽，請聽我說 10. 做個盡責小主人 11. 我在家中不搗蛋
	學校生活	13. 我會收拾書包 14. 來上學去	11. 校園的一角 12. 我的文具盒	12. 我會照顧自己 13. 不同的校園生活
	出行體驗	15. 到公園去 16. 公園規則要遵守 17. 四通八達的交通	13. 多姿多彩的暑假 14. 獨特的交通工具	14. 去逛商場 15. 乘車禮儀齊遵守 16. 讓座人人讚
	危機意識	18. 保護自己 19. 大灰狼真討厭！	15. 路上零意外	17. 欺凌零容忍 18. 我會應對危險
自然與地球	天象與季節	20. 天上有什麼？ 21. 變幻的天氣 22. 交替的四季 23. 百變衣櫥	16. 天氣不似預期 17. 夏天與冬天 18. 初探宇宙	19. 我會看天氣報告 20. 香港的四季

學習主題＼年級		K1	K2	K3
自然與地球	動物與植物	24. 可愛的動物 25. 動物們的家 26. 到農場去 27. 我愛大自然	19. 動物大觀園 20. 昆蟲的世界 21. 生態遊蹤 22. 植物放大鏡 23. 美麗的花朵	21. 孕育小生命 22. 種子發芽了 23. 香港生態之旅
	認識地球	28. 珍惜食物 29. 我不浪費	24. 百變的樹木 25. 金屬世界 26. 磁鐵的力量 27. 鮮豔的回收箱 28. 綠在區區	24. 瞬間看地球 25. 浩瀚的宇宙 26. 地球，謝謝你！ 27. 地球生病了
科技與發明	便利的生活	30. 看得見的電力 31. 船兒出航 32. 金錢有何用？	29. 耐用的塑膠 30. 安全乘搭升降機 31. 輪子的轉動	28. 垃圾到哪兒？ 29. 飛行的故事 30. 光與影 31. 中國四大發明 （造紙和印刷） 32. 中國四大發明 （火藥和指南針）
	資訊傳播媒介	33. 資訊哪裏尋？	32. 騙子來電 33. 我會善用科技	33. 拒絕電子奶嘴
居住的社區	社區中的人和物	34. 小社區大發現 35. 我會求助 36. 生病記 37. 勇敢的消防員	34. 社區設施知多少 35. 我會看地圖 36. 郵差叔叔去送信 37. 穿制服的人們	34. 社區零障礙 35. 我的志願

學習主題＼年級		K1	K2	K3
居住的社區	認識香港	38. 香港的美食 39. 假日好去處	38. 香港的節日 39. 參觀博物館	36. 三大地域 37. 本地一日遊 38. 香港的名山
	公民的責任	40. 整潔的街道	40. 多元的社會	—
祖國與世界	傳統節日和文化	41. 新年到了！ 42. 中秋慶團圓 43. 傳統美德（孝）	41. 端午節划龍舟 42. 祭拜祖先顯孝心 43. 傳統美德（禮）	39. 傳統美德（誠） 40. 傳統文化有意思
	我國地理面貌和名勝	44. 遨遊北京	44. 暢遊中國名勝	41. 磅礴的大河 42. 神舟飛船真厲害
	建立身份認同	—	45. 親愛的祖國	43. 國與家，心連心
	認識世界	45. 聖誕老人來我家 46. 色彩繽紛的國旗	46. 環遊世界	44. 整裝待發出遊去 45. 世界不細小 46. 出國旅遊要守禮

目錄

可愛的動物

下圖中的動物是什麼？請把正確的字詞圈起來。

豹 / 貓

狗 / 狼

魚 / 蛇

鳥 / 馬

獅子 / 兔子

倉鼠 / 烏龜

總結

　　世上有不同可愛的動物，例如貓、狗、魚和小鳥等。牠們有不同的外貌特徵，也有不同的本領，有些會游泳，有些會飛翔。

有些動物會飛翔，有些會游泳。請把會飛翔的動物貼在天空，把會游泳的動物貼在海洋裏。

動物們的家

有些小動物可作為寵物。圖中寵物會住在哪裏？請連一連。

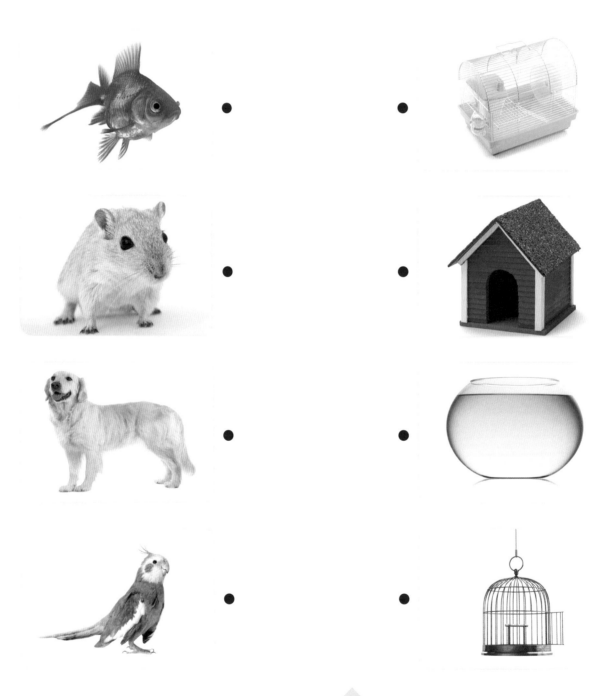

品德小錦囊

我們飼養寵物，要有**責任心**，悉心照顧牠們，並給牠們提供一個舒適和安全的居所！

總結

　　不同的動物會按照牠們的特性住在不同的地方，地球是動物跟我們共同生活的家園，我們要好好愛護環境，跟動物們和平共處呢！

以下的動物分別住在哪裏？請沿着迷宮走，幫助牠們找回自己的家園。

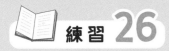

到農場去

圖中是什麼動物？請把適當的字詞貼紙貼在 ⬚ 內。

總結 ✏️

在農場裏，農夫會飼養不同的動物，例如：牛、羊和豬等。這些動物不但為人類提供肉、蛋、奶等食物，有些還能幫助農夫耕作，牠們為人類帶來很大的貢獻。

農場的動物會為人類提供什麼不同的產品？請把動物提供的相應產品圈起來。

牛	蜜糖	牛奶
羊	棉花	羊毛線
雞	雞蛋	芝士
豬	雞肉	豬肉

我愛大自然

圖中是什麼植物？請把適當的字詞貼紙貼在 ┌┈┈┈┐ 內。

總結

　　大自然中生長着不同的植物，例如花朵和樹木等。植物的生命力非常頑強，無論怎樣的環境中，我們都能發現它們的身影呢！

以下哪些地點能發現植物的蹤影呢？請分辨出這些地方，並在□內加 ✓。

公園

森林

城市

農場

沙漠

海洋

珍惜食物

哪些人日常為我們提供食物而付出了努力？請連一連。

 •   • 廚師

 •   • 農夫

 •   • 漁夫

 •   • 運輸工人

總結 ✏️

　　食物來到我們的餐桌上，需要很多人的努力：漁民捕魚、農夫種植糧食，食物由運輸工人送到城市，經廚師烹煮後才送上餐桌。食物來之不易，我們要珍惜食物，不要浪費。

我們要怎樣珍惜食物？正確的，請把 👍 貼紙貼上；不正確的，請把 👎 貼紙貼上。

偏食

把吃剩的食物打包

把吃剩的食物儲藏

把食物捐到食物銀行

我不浪費

我們平日會運用哪些地球資源？請把適當的貼紙貼在 ⬚ 內。

💧 代表水資源　　⚡ 代表電資源

🪵 代表木資源　　🥩 代表糧食資源

在紙上畫畫

晚上閱讀

吃東西

洗手

總結

　　我們每天都會使用各種各樣的地球資源，例如水、電、木材等。這些自然資源很寶貴，所以我們要學會珍惜，使用時不要浪費。

日常生活中我們在什麼地方可能浪費了資源？請仔細觀察下圖，並把浪費資源的地方圈起來（提示：共 4 處）。

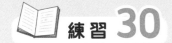

看得見的電力

以下圖中的電器是什麼？請把正確的字詞圈起來。

電風扇 / 電風筒

冰箱 / 空調

洗衣機 / 吸塵機

電話 / 電腦

熨斗 / 熱水壺

微波爐 / 電飯煲

總結 ✏️

家中有不同的電器，例如風扇、洗衣機、冰箱等。不同的電器有不同的作用，我們可以按需要使用。電器不是玩具，記得要在大人的陪伴下才可使用啊！

這些電器應該在什麼時候使用？請把適當的貼紙貼在 ⬚ 內。

天氣炎熱

頭髮濕漉漉

衣服髒了

衣服有皺摺

船兒出航

以下哪些東西能作為水上的交通工具？請把它們圈出來。

總結

水擁有浮力，能把東西「托」在水面上。利用這個特質，人們發明了各種各樣的水上交通工具，包括輪船、獨木舟、救生艇等。

把東西放進水中，哪些東西會浮起來，哪些東西會沉下去？請把會浮起來的東西貼在水平面，並把會沉下去的東西貼在水底。

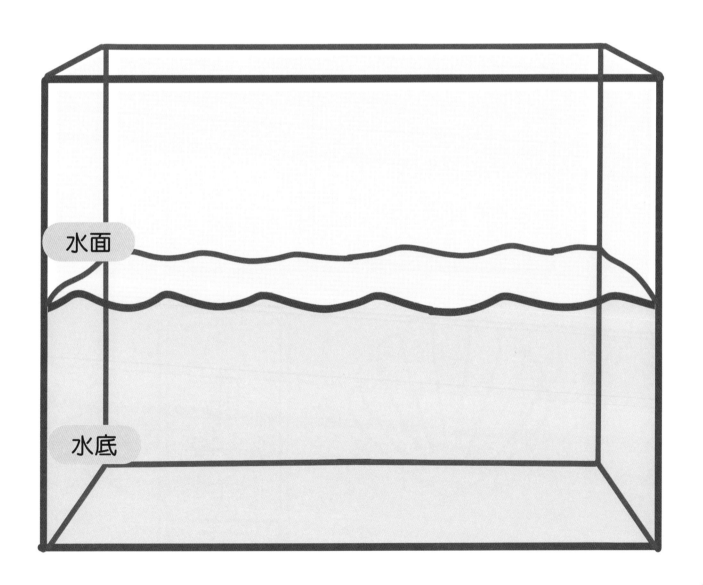

水面

水底

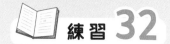

金錢有何用？

以下哪些物品可以用來買東西？請把這些物品填上顏色。

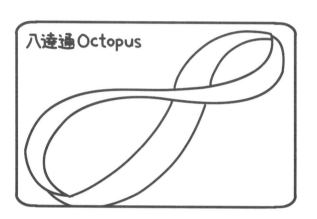

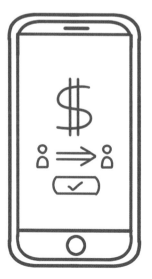

總結

　　生活中，我們需要用金錢來購買物品和服務，隨着科技的發展，我們除了可以使用現金、八達通外，還可以用一些手機電子支付來付款。

以下哪些時候需要用金錢？請分辨出這些事情，並在□內加 ✓。

乘搭交通工具

到超市購物

到遊樂園玩耍

到餐廳吃飯

到診所看病

到郊區遠足

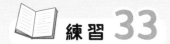

資訊哪裏尋?

我們從哪些地方可以獲取資訊?請把圖中能獲取資訊的地方圈起來。(提示:共 4 處)

總結

在日常生活中，我們可以從不同地方得到需要的資訊，例如書本、報章、海報等，我們也可利用不用的網絡和電台來獲取資訊呢！

以下情況要從什麼地方獲取需要的資訊？請連一連。

天氣預報

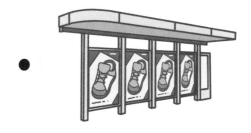

宣傳廣告

大廈通告

小社區大發現

以下圖中是什麼地方？請把適當的字詞貼紙貼在 ┌┈┈┈┐ 內。

總結

　　在社區中，有各種各樣的康樂設施，例如：圖書館、游泳池、體育館等。在使用不同的設施時，我們要遵守使用規則，不要隨便破壞。

以下這些物品會出現在哪些地方？請把這些物品放回相應的地方。

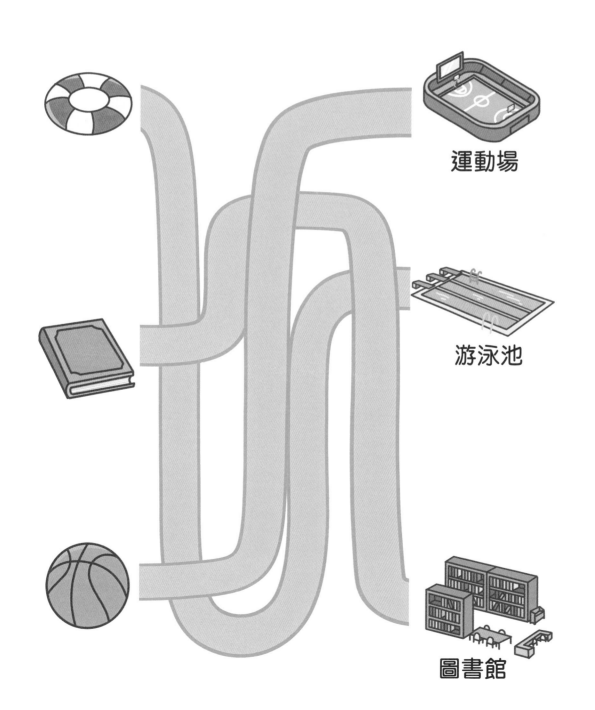

運動場

游泳池

圖書館

我會求助！

不同的救援設施裏各有什麼工作車？請把適當的貼紙貼在 □ 內。

醫院

消防局

警察局

總結

社區設有不同的救援設施，例如醫院、消防局和警局等，當遇到緊急情況時，我們要保持冷靜，並嘗試尋求專業人員的幫助。

遇到以下情況時要向哪些人尋救幫助？請連一連。

發生火營

警察

男人昏厥

消防員

發生搶劫案

醫生

生病記

你曾到診所看病嗎？請按診所看病的步驟把以下圖片順序排列。

☐ 輪候見醫生

☐ 等待護士派藥

1 向護士登記

☐ 讓醫生診症

總結 ✏️

　　在生病或受傷時，爸媽會帶我們去診所或醫院看病。醫生會幫助我們判斷病情，治療傷患。病人記得要按時吃藥，充分休息，還要多吃有營養的食物，這樣才能盡快康復。

生病時，我們怎樣做能幫助自己更快地回復健康呢？應該做的，請把 👍 貼紙貼上；不正確的，請把 👎 貼紙貼上。

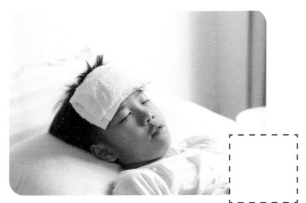

多休息

準時吃藥

外出玩耍

吃有營養的食物

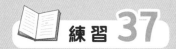
勇敢的消防員

以下哪些物品是消防用品或設備？請把它們圈出來。

總結 ✏️

當火警發生，消防員會馬上前往滅火。有人被困，他們會前往施予救援。有時候，他們亦會巡查樓宇，確保逃生通道暢通無阻，並宣傳防火知識。

消防員會做以下哪些工作？請分辨出這些工作，並在□內加 ✓。

撲滅火災 □

宣傳防火知識 □

拯救受困人士 □

逮捕賊人 □

香港的美食

以下圖中的美食是什麼？請把正確的字詞圈起來。

魚蛋 / 皮蛋

腸粉 / 燒賣

雲吞麵 / 牛腩麵

蛋撻 / 蛋糕

菠蘿包 / 叉燒包

窩夫 / 雞蛋仔

總結

　　香港有很多富有特色的美食，例如魚蛋、燒賣、雲吞麵、蛋撻、點心等等。這些美食的味道各不相同，你最愛吃哪種呢？

你最愛吃哪種香港特色美食？請把它畫出來，並寫下它的名稱。

　　我最愛吃的香港特色美食是＿＿＿＿＿＿＿＿＿。

假日好去處

以下各個香港景點的名稱是什麼？請把圖片和字詞連一連。

 • • 海洋公園

 • • 維多利亞港

 • • 天壇大佛

 • • 山頂

總結

　　香港有很多著名的景點，例如有刺激遊樂設施的海洋公園、景色優美的維多利亞港、宏偉的天壇大佛等。這些景點每年都會吸引許多遊客到訪遊覽呢！

小朋友們分別想去哪裏？請把代表答案的字母填在適當的橫線上。

A.

海洋公園

B.

維多利亞港

C.

香港動植物公園

我想玩機動遊戲，我想去 _____ 。

我想觀賞植物，我想去 _____ 。

我想看燈光匯演，我想去 _____ 。

整潔的街道

清潔工正在清潔街道,他要把什麼放進垃圾桶裏?請幫助他在迷宮中拾走所有垃圾,並放進終點處的垃圾桶裏。

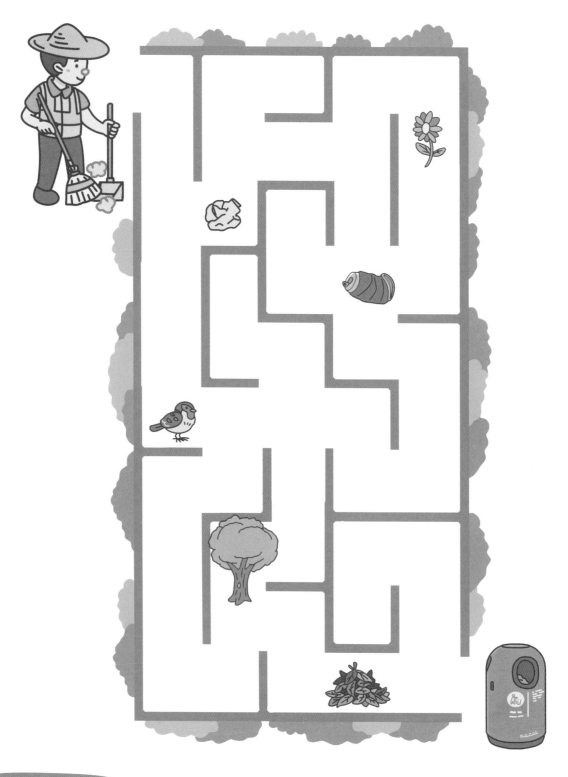

總結 ✏️

清潔工人們每天辛勤地為我們清掃街道、體育館、游泳池等公眾場所。他們的工作十分辛苦，我們要尊重他們，並要為保持公眾場所清潔出一分力。

怎樣可以保持公共清潔？應該做的，請把 👍 貼紙貼上；不應該做的，請把 👎 貼紙貼上。

清潔寵物的糞便

隨處張貼海報

參與海灘清潔

不隨地拋垃圾

品德小錦囊

公園、海灘、街道等是屬於大家的公共地方，我們要有責任心，不應隨地拋垃圾。

新年到了！

以下圖中的新年活動或物品是什麼？請把正確的字詞圈起來。

舞火龍 / 舞獅

貼揮春 / 寫書法

派利士 / 派信

拜年 / 拜祭

年花 / 聖誕樹

飯盒 / 全盒

總結

　　農曆新年是中國傳統節日，我們會做不同的習俗慶祝，例如貼揮春和拜年。新年還有不同的節慶食品，例如年糕和瓜子等。

以下哪些是新年的節慶食品？請把新年的節慶食品填上顏色。

中秋慶團圓

以下哪些是中秋節的習俗？請分辨出這些習俗，並在□內加 ✓。

龍舟比賽

舞火龍

賞月

登高

賞花燈

玩燈籠

總結

　　中秋節也是中國的傳統節日。在中秋節的晚上，我們會跟家人一起吃月餅和時令水果，還會外出賞月和賞花燈。這天，香港的大坑和香港仔也會有特別的活動——舞火龍。

爸爸正出題考思晴有關中秋節的知識，你會回答爸爸的題目嗎？請幫助思晴選出正確的答案，並在圈裏打 ✓。

1. 每年的中秋節在什麼時候？

　農曆 1 月 1 日　　　農曆 8 月 15 日　　　每年均不同

　　　　◯　　　　　　　　◯　　　　　　　　◯

2. 以下哪種食品不是中秋節的節慶食品？

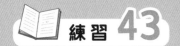
傳統美德（孝）

學習重點
・認識孝順父母的行為
・學習向父母表達感恩的心

以下哪些是孝順爸媽的好行為？請判斷以下行為：好行為，請在□內加 ✓；不好的，在□內加 ✗。

努力學習

好好照顧自己

給爸媽送禮物

常常要求爸媽買玩具

不聽爸媽的話

分擔家務

總結

爸爸媽媽辛勞地養育我們，我們要好好孝順、尊敬他們，也要好好照顧自己，不讓他們擔心。我們可以多跟爸爸媽媽分享生活點滴，向他們表達愛意和感恩的心。

思晴想送一張感謝卡送給爸爸媽媽，請幫助她畫一張感謝卡。

親愛的爸爸媽媽：

您的女兒

思晴敬上

遨遊北京

以下各個北京景點的名稱是什麼？請把圖片和字詞連一連。

　　　　　　　　萬里長城

　　　　　　　　天壇公園

　　　　　　　　圓明園

　　　　　　　　故宮博物院

總結 ✏️

　　北京是中國的首都，有很多古色古香的景點，例如萬里長城、故宮和圓明園等，因此，她也是一座著名的歷史文化名城。

思朗正參加有關北京的問答比賽，你會回答以下的題目嗎？請幫助他選出正確的答案，並在圈裏打 ✓。

1. 北京是哪個國家的首都？

中國 　　　英國 　　　泰國

2. 以下哪種食品是北京著名的道地美食？

小籠包 　　　烤鴨 　　　肉夾饃

品德小錦囊

香港是中國的一部分，我們要多認識祖國，培養國民身分認同。

聖誕老人來我家

你知道聖誕節的故事和習俗嗎？請圈出正確答案。

聖誕節是記念耶穌 誕生 / 死亡 的宗教節日。

傳說中，耶穌 / 聖誕老人 會送禮物給小朋友。

現在，人們會在聖誕節的晚上外出欣賞 燈籠 / 燈飾。

總結

聖誕節是記念耶穌誕生的宗教節日，人們會做不同的事情來慶祝，例如唱聖詩、布置聖誕樹、互送禮物等。

思朗正在布置家裏的聖誕樹，請用貼紙和顏色筆幫他完成聖誕樹的布置。

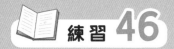
色彩繽紛的國旗

以下的國旗是代表哪個國家？請把適當的貼紙貼在 ⌐ ̤ ̤ ̤ ̤ ̤ ̤ ̤ ̤ ̤⌐ 內。

總結

　　世界上有不同的國家，每個國家都有她的國旗和國歌。每個國家的語言和飲食習慣等文化都不一樣呢，我們要學會互相尊重！

以下的食物是哪個國家的特色美食？請連一連。

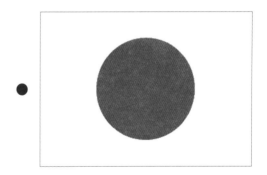

1. 以下動物的名稱是什麼？請把圖片和字詞連一連。

 •　　　　　• 魚

 •　　　　　• 馬

 •　　　　　• 龜

 •　　　　　• 狗

 •　　　　　• 豬

2. 以下的孩子有着怎樣的夢想？請把適當的字詞貼紙貼在 內。

我想做出世界上最好吃的菜。

我想當一名 。

我希望將來能治療所有生病的人。

我想當一名 。

我富有正義感，希望將來能除暴安良。

我想當一名 。

我將來想當一名救火英雄。

我想當一名 。

3. 人們會在什麼節日做以下的活動？請把代表答案的字母填在方格內。

A. 新年　　　　B. 中秋節　　　　C. 聖誕節

　□

觀賞舞火龍

　□

布置聖誕樹

　□

拜年

　□

觀賞花燈

　□

交換禮物

　□

貼揮春

4. 以下哪些是香港的特色小食？請找出香港的特色小食，
   在□內加 ✓。

5. 以下哪些物品是電器？請圈一圈。

親子實驗室

水果的浮沉

連結主題：船兒出航

為什麼輪船那麼重，卻能浮在水面上呢？

💡 想一想

以下哪些東西能浮在水面上？

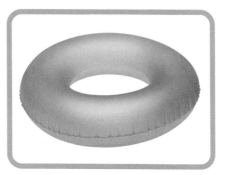

實驗 Start!

學習目標

☑ 認識浮和沉的概念

☑ 觀察物件的大小輕重
　 與其浮沉的關係

準備材料

塑料盤子

水

蘋果

葡萄

橘子

刀子和砧板

危險物品，
請讓爸媽幫忙！

實驗 1　輕重與其浮沉的關係

① 先把蘋果放進裝了水的塑料盤子裏。

② 然後把一顆葡萄也放進去。

觀察結果：

較大的蘋果（沉下去／浮起來），

較小的葡萄（沉下去／浮起來）。

實驗 2　密度與浮沉的關係

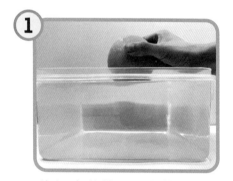

① 先把完整的橘子放進裝了水的塑料盤子裏，觀察浮沉結果。

② 用刀子把橘子剝皮，然後放進水中，觀察浮沉結果。

觀察結果：

完整的橘子（沉下去／浮起來），

剝了皮的橘子（沉下去／浮起來）。

總結

　　從「實驗一」可以得知，物件的大小輕重與其浮沉沒有必然關係。物件的浮沉跟其密度有關，密度是物體體積內物質組織的疏密程度。當物體密度比水小，它會浮起來；相反密度比水大，它會沉下去。

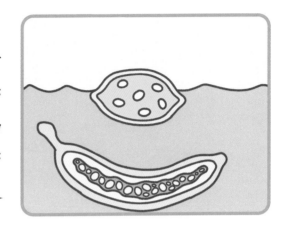

　　從「實驗二」可以得知，因為空氣的密度比水要小，橘子剝了皮後，失去了中間的空氣，所以剝了皮的橘子便沉下去了。人們便是利用這種原理，使重重的輪船浮在水面。

原來如此！我明白了！

答案頁

P.12

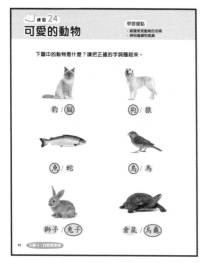

P.13

P.14

P.15

P.16

P.17

P.18

P.19

P.20

P.21

P.22

P.23

P.24

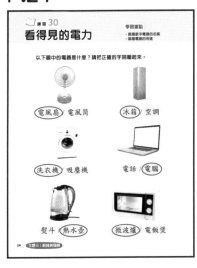

P.25

P.26

P.27

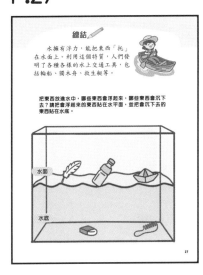

P.28

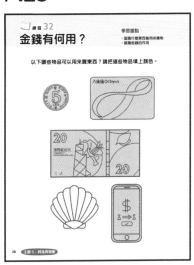

P.29

P.30

P.31

P.32

P.33

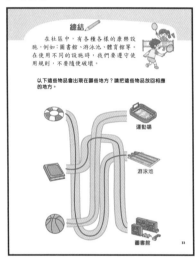

P.34

P.35

P.36

P.37

P.38

P.39

總結

當火警發生，消防員會馬上前往滅火。有人被困，他們會前往施予救援。有時候，他們亦會巡查樓宇，確保逃生通道暢通無阻，並宣傳防火知識。

消防員會做以下哪些工作？請分辨出這些工作，並在□內加 ✓。

撲滅火災 ✓　　宣傳防火知識 ✓

拯救受困人士 ✓　　逮捕賊人 □

39

P.40

練習 38

香港的美食

學習重點
· 認識不同的香港美食
· 分享自己喜歡的香港美食

以下圖中的美食是什麼？請把正確的字詞圈起來。

魚蛋 / 皮蛋　　　腸粉 / 燒賣

雲吞麵 / 牛腩麵　　蛋捲 / 蛋糕

菠蘿包 / 叉燒包　　窩夫 / 雞蛋仔

40　主題6：居住的社區

P.41 （答案自由作答）

總結

香港有很多富有特色的美食，例如魚蛋、燒賣、雲吞麵、蛋撻、點心等等。這些美食的味道各不相同，你最愛吃哪種呢？

你最愛吃哪種香港特色美食？請把它畫出來，並寫下它的名稱。

我最愛吃的香港特色美食是 _____。

41

P.42

練習 39

假日好去處

學習重點
· 認識不同的景點
· 辨認不同景點可以進行的活動

以下各個香港景點的名稱是什麼？請把圖片和字詞連一連。

海洋公園

維多利亞港

天壇大佛

山頂

42　主題6：居住的社區

P.43

總結

香港有很多著名的景點，例如有刺激遊樂設施的海洋公園、景色優美的維多利亞港、宏偉的天壇大佛等。這些景點每年都會吸引許多遊客到訪遊覽呢！

小朋友們分別想去哪裏？請把代表答案的字母填在適當的橫線上。

A. 海洋公園　B. 維多利亞港　C. 香港動植物公園

我想玩機動遊戲，我想去 A 。

我想觀賞植物，我想去 C 。

我想看燈光匯演，我想去 B 。

43

P.44

練習 40

整潔的街道

學習重點
· 認識清潔工人的工作
· 學習保持公眾場所的清潔

清潔工正在清掃街道，他要把什麼放進垃圾桶裏？請幫助他在迷宮中拾走所有垃圾，並放進終點處的垃圾桶裏。

44　主題6：居住的社區

P.45

總結

清潔工人們每天辛勤地為我們清掃街道、體育館、游泳池等公眾場所。他們的工作十分辛苦，我們要尊重他們，並要為保持公眾場所清潔出一分力。

怎樣才可以保持公共清潔？應該做的，請把 👍 貼紙貼上；不應該做的，請把 👎 貼紙貼上。

清潔寵物的糞便 👍　　隨處張貼海報 👎

參與海灘清潔 👍　　不隨地拋垃圾 👍

品德小錦囊

公園、海灘、街道等都是屬於大家的公共地方，我們要有責任感，不應隨地拋垃圾。

45

P.46

練習 41

新年到了！

學習重點
· 認識農曆新年的習俗
· 認識農曆新年的節慶食品

以下圖中的新年活動或物品是什麼？請把正確的字詞圈起來。

舞火龍 / 舞獅　　貼揮春 / 寫書法

派利士 / 派信　　拜年 / 拜祭

年花 / 聖誕樹　　飯盒 / 全盒

44　主題7：組織與世界

P.47

總結

農曆新年是中國傳統節日，我們會做不同的習俗慶祝，例如揮春和拜年。新年還有不同的節慶食品，例如年糕和瓜子等。

以下圖中哪些是新年的節慶食品？請為新年的節慶食品填上顏色。

47

69

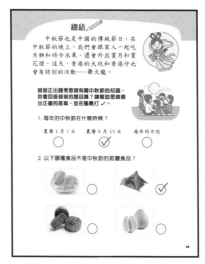

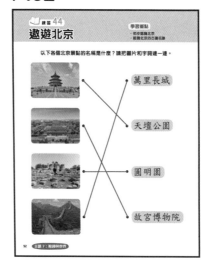

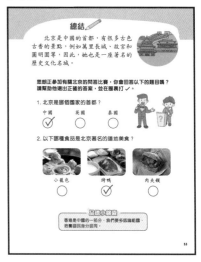

P.57

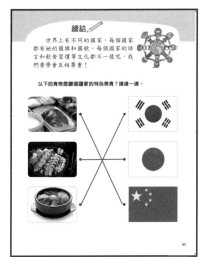

P.58

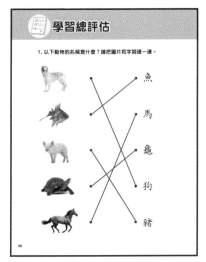

P.59

P.60

P.61

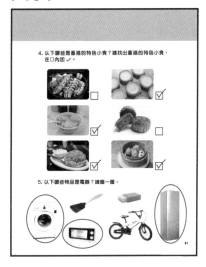

P.64

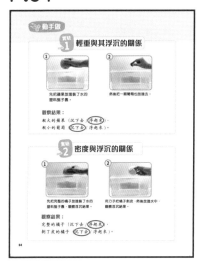

新雅幼稚園常識及綜合科學練習（幼兒班下）

編　　者：新雅編輯室
繪　　圖：歐偉澄
責任編輯：黃偲雅
美術設計：徐嘉裕
出　　版：新雅文化事業有限公司
　　　　　香港英皇道 499 號北角工業大廈 18 樓
　　　　　電話：（852）2138 7998
　　　　　傳真：（852）2597 4003
　　　　　網址：http://www.sunya.com.hk
　　　　　電郵：marketing@sunya.com.hk
發　　行：香港聯合書刊物流有限公司
　　　　　香港荃灣德士古道220-248號荃灣工業中心16樓
　　　　　電話：（852）2150 2100
　　　　　傳真：（852）2407 3062
　　　　　電郵：info@suplogistics.com.hk
印　　刷：中華商務彩色印刷有限公司
　　　　　香港新界大埔汀麗路36號
版　　次：二〇二四年五月初版

ISBN: 978-962-08-8372-9
© 2024 Sun Ya Publications (HK）Ltd.
18/F, North Point Industrial Building, 499 King's Road, Hong Kong
Published in Hong Kong SAR, China
Printed in China

鳴謝：
本書部分相片來自Pixabay (http://pixabay.com)
本書部分相片來自Dreamstime（www.dreamstime.com）許可授權使用。